图书在版编目（CIP）数据

美味的果实 /（韩）朴善美著；（韩）孙庆姬绘；
孔祥英译 . -- 2 版 . -- 北京 : 中信出版社 , 2020.4 （2025.5 重印）
（我家门外的自然课）
ISBN 978-7-5217-1594-1

Ⅰ.①美… Ⅱ.①朴…②孙…③孔… Ⅲ.①果实 –
少儿读物 Ⅳ.① Q944.59–49

中国版本图书馆 CIP 数据核字（2020）第 029215 号

美味的果实
（我家门外的自然课）

著　　者：［韩］朴善美
绘　　者：［韩］孙庆姬
译　　者：孔祥英
出版发行：中信出版集团股份有限公司
　　　　　（北京市朝阳区东三环北路 27 号嘉铭中心　邮编 100020）
承 印 者：北京盛通印刷股份有限公司

开　　本：889mm×1194mm　1/16　　印　张：3.5　　字　数：62千字
版　　次：2020年4月第2版　　　　印　次：2025年5月第13次印刷
京权图字：01-2012-7957
书　　号：ISBN 978-7-5217-1594-1
定　　价：108.00元（全4册）

我家门外的自然课

美味的果实

[韩] 朴善美 著　[韩]孙庆姬 绘　孔祥英 译

中信出版集团 | 北京

凡例

1. 本书中收录了人们常见的 23 种果实。
   图片的下方以绿色字标注了绘制的时间。
   从市场买来的水果标注了购买的日期。
2. 本书的目录次序按照植物分类而定。果实分类以《大韩植物图鉴》为准。

目录 ▸ ▸ ▸

核桃 10

栗子 12

桑葚 14

无花果 15

树莓 16

梅子 17

杏 18

李子 20

桃子 22

毛樱桃 24

榅桲 25

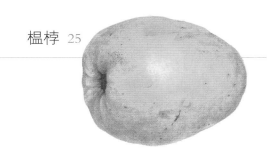

苹果 26

梨 28

枣 30

橘子 32

柚子 34

山葡萄 35

葡萄 36

猕猴桃 38

木半夏 39

石榴 40   君迁子 41   柿子 42

果树开花了 44   果实做成的美食 46

果实日历 48   索引 52   作者简介 53

果实日历

核桃

Walnut

别名：胡桃、羌（qiāng）桃
时节：9~10 月
生长场所：家中庭院或田埂上
分类：胡桃属胡桃科乔木

核桃藏在青绿色的外果皮里，剥开坚硬的核桃壳（即内果皮），就能看到皱巴巴的核桃仁。

核桃通常在中秋前后成熟，成熟后就会摆脱青绿色的外壳，掉到地上。核桃仁香甜可口，既可直接食用，也可放入面包或其他糕点中。将柿饼去心，填入核桃仁，这样做成的"柿饼核桃"，可谓是人间极品美味。跟花生、栗子、松子一样，核桃也是春节和元宵节人们常吃的一种休闲干果。冬天，把两个核桃握在手里来回转，既可舒筋活脉，增长气力，又可活络大脑。

人们有时也会在盛夏时节吃青核桃，因为这时候尚未成熟的部分核桃开始坠落。如要剥掉青绿色的外壳，人们的手常会被染成黑褐色。青核桃乳白色的果仁清脆可口，同青栗子的味道极为相似。

5月10日，开花。

6月1日，结出果实。

6月14日，果实内长出果仁。

8月9日，果实不断长大。

9月16日，青绿色外壳裂开，可以看到里面的核桃。

一根核桃茎上一般有5~7片叶子。
现在核桃还未成熟。

7月8日

核桃糕点

核桃糕点中有甜丝丝的红豆和香喷
喷的核桃仁。

花生

枣

银杏

栗子

核桃

松仁

正月十五，人们常吃核桃、松子、花生等坚果。
嗑坚果既可坚固牙齿，又可预防嘴角生疮。

栗子

Chestnut

别名：栗、板栗
时节：9~10月
生长场所：果园或山坡
分类：栗属壳斗科乔木

栗子成熟后，栗球会裂成4瓣。栗球里面一般有2~3颗栗子。

里面空空的瘪栗子。

栗子被包裹在满是刺的栗球里。栗子完全成熟后，栗球就会裂开，栗子就会掉下来。有时整个栗球都会掉下来，这时需用脚踩或用钳子和钎子等工具，才能把栗子从栗球中弄出来。由于栗球浑身布满了刺，拿取时极易被刺伤。松鼠、鼯鼠也喜欢吃栗子，它们将栗子藏在地下，作为过冬的食物。

生栗子咬起来嘎嘣脆，口感很好，烤栗子和煮栗子的味道也不错。将煮熟的栗子，捣碎喂给幼儿吃，孩子会长得白白胖胖。嚼生栗子对缓解晕车极有效果。干栗子是一味中药。

栗子除了如皮革般的硬壳外，里面还有一层毛茸茸的膜，称为内皮，带有涩味。

栗子虫

栗子易招虫。虫吃栗子长大，长到一定程度，就会爬出来。

栗子花

栗子花香味浓郁，而且有很多花蜜。
细长的白花是雄花。

6月13日

烤栗子

烤栗子之前，要先在壳上拉开一个小
口。否则烤的时候，栗子会炸开。

人们用长杆将栗子从树
上敲打下来。有时栗球
也会和栗子一起落下，
大家一定要小心，不要
被栗球砸到。

桑葚

Mulberry

别名：桑实、乌椹、文武实、黑椹、桑枣、
　　　桑粒、桑果
时节：6月
生长场所：桑田或山麓地带
分类：桑属桑科乔木

熟透的桑葚通体黑色，成串地
挂在桑树上。
还未成熟的桑葚是青色的。

6月19日

　　熟透的桑葚如墨汁般黑亮，口感极甜。小小的桑葚一口便可吃掉，香甜的汁水满口留香。吃桑葚时，极易将嘴角和手都染成黑色，所以桑葚是一种不能独自偷吃的美食。

　　桑葚是桑树结的果实，桑田里的桑树较矮，所以人们比较容易摘到桑葚，而山上长的野桑树高度较高，需在树下铺一个大包袱皮，用力踹树，桑葚才会掉下来，但树上的虫子也会一起掉下来。所以我们需要先把虫子吹开，才能挑桑葚吃。

轻轻触摸一下成熟的桑葚，汁液就会染到手上，不过可以清洗干净。

桑蚕吃桑叶长大，
但不吃桑葚。

无花果 Fig

别名：映日果、优昙钵、蜜果、文仙果、奶浆果
时节：8~10月
生长场所：南部地区
分类：榕属桑科灌木

无花果会散发出一股焦煳的气味，容易招来苍蝇和各种鸟类。果实成熟后，若不及时摘取，果肉很快会变得稀烂。
9月26日

无花果的叶子宽大，如同人的手掌一般。摘下会流出乳白色的汁液。

当无花果变成红色，而且果肉变软时，就意味着它成熟了。一口吃下去，满嘴都是松软的果肉和芝麻般的无花果实。无花果香香甜甜，令人欲罢不能。从八月初到白霜铺地的深秋，人们都可以吃到无花果。尚未成熟的无花果，个头小，而且硬邦邦的，但待到成熟之际，无花果就会迅速长大，而且会变得松软。树龄较大的无花果树结的果实比较大，两个就能吃饱。

无花果看起来不开花，故名无花果。无花果的开花之际就是结果之时，因为此时无花果树会结出一个个圆滚滚的树瘤般的果实，而细密的小花都开在果实里面，人们看不到，所以都以为它不开花。

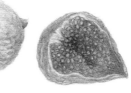

无花果晒干后，会变得干瘪，常被放入面包和糕点中，嚼起来有沙沙的感觉。

树莓

Raspberry

别名：悬钩子、森林草莓、覆盆子
时节：6~8 月
生长场所：山麓和田埂
分类：悬钩子属蔷薇科灌木

插田泡
果实颜色较重，一个茎上长有
3~7个叶子，叶茎上附着白色
的粉末。
7月16日

树莓自初夏开始变红变成熟，熟得越透，颜色越深，口感也越好，酸味也就越淡，甜味也就越浓。树莓必须一颗一颗地摘，因为枝叶稍一晃动，其他树莓就会纷纷落下。摘一把树莓，放到嘴里，通常可以连籽也一起吃下。

树莓的枝蔓上有刺，常会划伤手，或刮到衣服，走路时一定要小心避开。树莓多生长在山麓地带，但近几年也多被种植于田里。若摘得多，人们常用来榨汁，或酿酒，有时也会晒干入药。

绿叶悬钩子
悬钩子中的一种，最早成熟。
6月9日

牛叠肚
最常见的一种，长在田埂上。
6月23日

茅莓
较之其他悬钩子，果实颗粒
较大。
6月27日

库页悬钩子
成熟后，果实为橘黄色。
叶子是红色，带有细毛。
7月27日

蛇莓
蛇莓不是木本植物，而是
一种草，它不是悬钩子，
有微毒，不可过量食用。
5月31日

梅子

Plum

别名：青梅
生长场所：亚热带地区
食用方法：果酱、酒、茶
分类：杏属蔷薇科小乔木

青色的梅子果肉较硬，果皮上会有零星黑色斑点。
6月10日

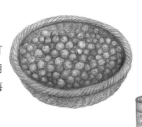

梅子通常在尚未成熟时采摘，由于还没完全成熟，所以梅子表皮的毛比较多。人们会从中挑选较好的梅子酿酒或腌制果酱。留在树上没被采摘的梅子，完全成熟后会变成黄色。可即便是熟透的梅子，由于味道极为酸涩，也没法直接食用。

梅子茶酸甜可口，味道极好。盛夏喝杯梅子茶，可以预防腹泻和中暑。而且以梅子为原料做成的食物，不易变质，利于长久保存。据说日本人吃生鱼片时，也会吃梅子酱，就是因为它有预防腹泻的功效。

梅花
盛开在雪花纷飞的早春。
3月25日

在梅子上撒上糖，可以酿成一种汁液。用这种汁液泡的茶叫梅子茶。

杏

Apricot

别名：杏子
时节：6~7月
食用方法：直接食用或晒干食用
分类：杏属蔷薇科小乔木

杏熟透后会变成黄色。表皮会有许多茸毛，但很容易清洗掉。
6月14日

杏的颜色很漂亮，初夏逐渐成熟的杏变得通红、透亮，就像是一盏盏点亮的花灯。杏熟透后果肉会变得极为松软，且极易坠落。杏不光颜色好看，口感酸甜，而且还带有杏的特殊香气。

还未成熟的杏比较酸，咬一口甚至会酸得掉眼泪。人们从春天就开始等待杏的成熟，有人等不及，会捡地上的青杏吃。但吃青杏常会导致拉肚子。山里的野杏和杏长得很相似，色泽很好，但口感却比较酸涩，不能摘下来直接吃。所以才会有人说"徒有其表的野杏（华而不实，徒有其表）"。

山杏
比杏熟得晚，色泽黄嫩，看着很好吃的样子，但十分酸涩，人们一般不吃。
7月8日

杏成熟后，很容易被掰开，而且果肉离核。

杏仁
砸开杏核坚硬的外壳，柔软的杏仁就露出来了。杏仁可入药。

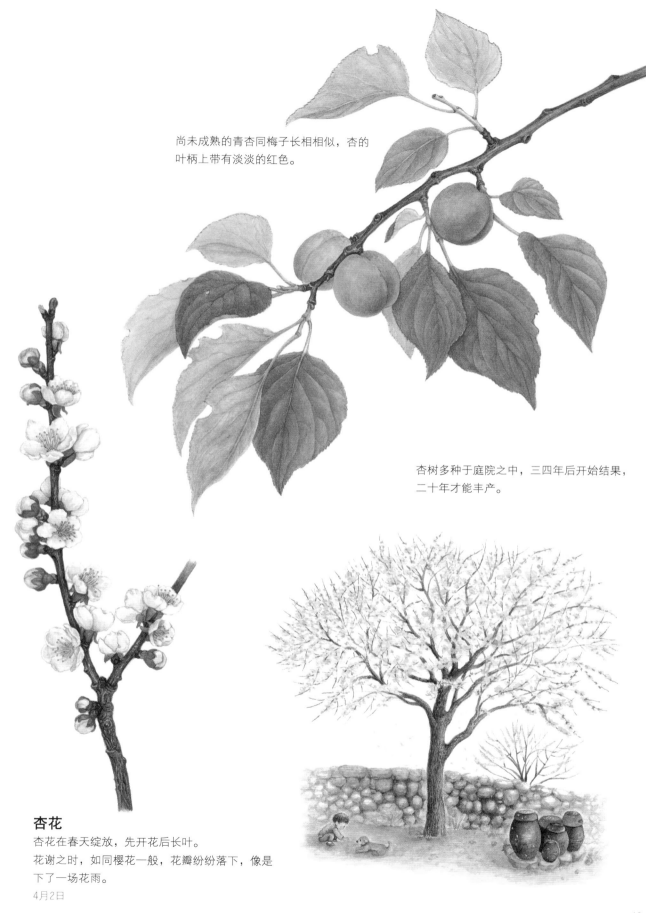

尚未成熟的青杏同梅子长相相似，杏的
叶柄上带有淡淡的红色。

杏树多种于庭院之中，三四年后开始结果，
二十年才能丰产。

杏花
杏花在春天绽放，先开花后长叶。
花谢之时，如同樱花一般，花瓣纷纷落下，像是
下了一场花雨。

4月2日

李子

Plum

别名：嘉庆子、玉皇李、山李子
时节：6~9月
分类：李属蔷薇科乔木

金泉李
韩国李子的一个品种。
大小如拳头一般，果肉成
黄色，较甜。

血李
表皮和果肉都是红色，
主要在盛夏上市。

李子是酸甜可口的夏季水果。果肉为黄色，汁水较多，很甜，果皮却很酸，常会酸得人口水直流。近年来出产的李子个大，含糖量高，还有果肉是红色的李子。不同品种的李子，上市的时间也不同，从6月到9月的整个夏季都可以吃到李子。但李子的肉质松软，不易长期储存。

李树4月份开花，绚烂美丽。白色的花朵像白雪一样覆盖在枝条上，花开得稠密时，完全看不到枝条。在院子里种李树不仅可以吃到可口的李子，还可以赏花，一举两得。

4月20日，李花开始
绽放。

5月3日，花谢后，
结出果实。

5月26日，果实
不断长大。

6月11日，果实的
柄不堪重负，果实
低下了头。

7月1日，李子成熟。从李
花谢到果实成熟，大约需要
70天的时间。

李花

李树也是先开花后长叶。李花的花梗比较长，这一点与梅花和桃花不同。

种上李树后，三四年后便可结果，十年后才能丰产。

李子头上比较尖，表皮光滑。李子的上市期比杏晚。叶子比杏树叶长。

7月1日

桃子

Peach

别名：桃
时节：7~9月
食用方法：罐头、果汁、果酱
分类：桃属蔷薇科小乔木

白桃
果皮呈白色，肉质松软，汁水多而甜。
8月13日

　　桃子是整个夏季都可以吃到的水果，肉质松软，汁水多，深受人们喜爱。除此之外，桃子还有一种特殊的香味。不过果皮上满是短茸毛，一旦碰到皮肤上，奇痒无比。

　　摘下桃子，清洗干净后就可直接吃。由于肉质较软，如果用力按就会留下印记。桃子容易腐烂，不易长期保存，因此人们常用桃子做罐头、果汁和果酱。以前人们认为桃木可以驱鬼，所以孩子的第一个戒指（周岁宴上戴的戒指）常刻有桃木的纹路，含有驱鬼、消灾、免祸之意。

桃子放在白糖水里熬煮后，可长久保存，以便日后食用，也可将桃子制成罐头销售。

白桃　黄桃

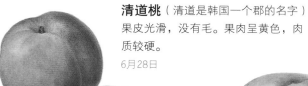

清道桃（清道是韩国一个郡的名字）
果皮光滑，没有毛。果肉呈黄色，肉
质较硬。

6月28日

有名桃（韩国培育出
的桃子，命名为有名）
肉质较硬，清脆可口，
含糖量较高。

9月18日

黄桃
果肉呈黄色，故名黄桃。

9月8日

桃花
桃花长在桃树的枝条上，
开花时，花香带有甜味，
还有桃子的味道。

4月21日

毛桃
毛桃长在山上，果核比桃子的小。毛桃完全成熟
后，呈青色，虽有甜味，但极易招虫，所以人们
几乎不吃。

8月18日

春天桃花盛开时，漫山遍野一片粉红，人们会前来果园赏花。
4月28日

毛樱桃

Cherry

别名：绒毛樱、山豆子、山樱桃、野樱桃
时节：6月
生长场所：家里的庭院或农田
分类：樱属蔷薇科灌木

红彤彤的毛樱桃如同珍珠一般有光泽。每颗果实里都有一粒坚硬的种子。
6月5日

毛樱桃是夏季较早成熟的水果。毛樱桃树不高，所以比较容易摘取。它含汁水较多，极易裂开。毛樱桃酸甜可口，但在其成熟之时，若降水较多，就会变得淡而无味。毛樱桃个头较小，如果再吐核的话，可以吃到嘴里的东西便所剩无几了。

《东医宝鉴》（朝鲜古代药学史上的巨著）中称毛樱桃"在水果中熟得最早，所以祭祀时一定要呈在供桌上。"而且世宗大王（朝鲜王朝最出色的国王之一）也喜欢毛樱桃。据说王世子在景福宫（朝鲜王朝时期韩国首尔的五大宫之一）中种了棵毛樱桃树，世宗大王得知后非常高兴。现在景福宫中仍种着毛樱桃树，但不是原来王世子种的那棵。

毛樱桃花
4月12日

4月12日，毛樱桃花盛开。

4月28日，毛樱桃花凋谢。

5月14日，果实不断长大。

5月29日，果肉增多，毛樱桃变得圆滚滚的。

6月5日，毛樱桃成熟。

榲桲

Quince

别名：木梨、土木瓜
时节：秋季
生长场所：家里的庭院或公园
食用方法：直接食用、泡茶
分类：榲桲属蔷薇科乔木

榲桲香味浓郁，但表皮有油脂，摸起来黏黏的。

11月12日

榲桲树成长过程中，常会脱皮，所以榲桲树的枝干常常会变得斑驳陆离。

榲桲果肉厚实、香味浓郁，无论直接食用还是以之泡茶都备受众多食客喜爱。榲桲有消暑解渴、润肺止咳的食效。

在公园或家里的院子里种上一棵榲桲树，到了秋天，树上便挂满一个个如甜瓜般大小的榲桲，令人赏心悦目。

把榲桲放在篮子中，在很长一段时间内，都会发出淡淡的幽香。

榲桲有很多籽，泡茶时，需先将籽挖出。

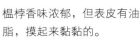

榲桲花
晚春时，榲桲会开出一朵铜钱大小、惹人怜爱的小花。

5月2日

25

苹果

Apple

别名：平安果、智慧果、超凡子
生长场所：果园
食用方法：果汁、果酱、苹果干
分类：苹果属蔷薇科乔木

苹果一般有6~10个籽。
果肉呈黄色的苹果较甜。

将苹果皮削得薄薄的，
果肉就露出来了。

苹果酸甜可口。从初夏到晚秋，青苹果、红苹果，各种各样的苹果都会纷纷上市。将苹果洗干净，带皮吃最好吃。苹果皮清脆可口，而且苹果皮中富含多种微量元素，对身体大有益处。

在韩国苹果已有100多年的历史了，以前就有一种叫"花红"的类似苹果的水果，个头要比现在的苹果小得多。苹果同橘子、梨和葡萄一样，是大家最常吃的水果之一。在气温较低的地方生长的苹果口感更甜。晚秋时摘的苹果，肉质结实，可以长久储存。

如果削完皮的苹果放久了，果肉会变成黄色。将削完皮的苹果泡在盐水或糖水中几分钟，再取出来，就不会变颜色了。

秋季新款优惠30%

梨

苹果

柿子

柑橘

忠州苹果

秋天是硕果累累的季节，苹果、梨、脆柿子、软柿子、橘子等都可以吃了，而且可以长期保存，冬天也可以吃到这些水果。

4月29日
苹果开花了。
苹果花的花蕾是粉红色的，
但花朵却是白色的。

5月26日
长出小苹果。

7月7日
苹果不断长大，慢慢压弯了枝条。

梨

Pear

时节：9 ~ 11 月
生长场所：果园
分类：梨属蔷薇科乔木

梨的汁水较多，吃起来比较
清脆。
梨的果皮较硬，一般不吃。
9月19日

梨多汁水，吃梨的时候，爽口的汁水满口留香。
梨虽然是秋季水果，但在冬天人们也常吃。韩国人常
将梨切成片放入水萝卜泡菜或是冷面里，有时也会放
在烤肉的配料里。如果你在冬天得了感冒，有发烧咳
嗽的症状的话，喝点儿煮的梨水，能缓解症状。

西洋梨
像葫芦一样，尾部比较
尖细。
摘下来不能直接食用，
等放熟了，方可食用。

秋子梨
秋子梨长在山上，摘下来后要放
在缸里捂熟后方可食用，汁水多
而甜，味道极好。
9月11日

梨花大而白，比迎红杜鹃和樱花开得晚。在春天好好疏花的话，等到了秋天，梨就会长得又大又好。

4月20日，梨花盛开，同时也会长出小小的叶子。

5月10日，长出小梨。

9月9日，梨成熟。

枣

Jujube

时节：秋季
生长场所：庭院或果园
食用方法：直接食用或晒干后食用
分类：枣属鼠李科小乔木

干枣

枣摘下来后，放一段时间，青色都会变成红色。

枣里有一颗两头尖尖的枣核。

熟透的枣非常甜，枣的果肉是白色的，吃起来比较脆。青枣的口感和青苹果类似。但要提醒大家，枣吃多了的话会导致消化不良。当看到蜜蜂围着枣树嗡嗡直转时，就说明枣成熟了。

有句话叫"枣吃三颗，肚子饱饱"，这是因为枣有生津解乏的功效。不止如此，枣还能提升食物口感，对身体也大有益处，所以常被放入参鸡汤和药膳中。

韩国有往新媳妇的裙子上撒枣的风俗，这蕴含着"子孙能像挂满枝头的枣一样兴旺"之意。

枣是抓中药时必不可缺的一味药材，因为枣可使汤药的口感变得温和，也可减少一些苦味。

枣茶有暖身、安神的功效，喝枣茶，有助于睡眠。

枣表皮光滑，有光泽，枣树叶也是油光锃亮。枣开始变为红色时便可以采摘了。
9月17日

枣树的叶子较其他果树长得晚。
在枣树的枝干上压一块大石头，可以增加坐果量。
这称为"枣树出嫁"。

橘子

Mandarin, Tangerine

别名：柑橘
时节：冬季
生长场所：长江中下游和长江以南地区
其他食用方法：果汁、果酱、罐头
分类：柑橘属芸香科常绿树

剥开橘子皮，橘子的香味就会扩散开，而且手上也会留有橘子的气味。
11月22日

5月20日，橘子花绽放，带有香味。

橘子是冬季水果，清凉爽口，酸酸甜甜，味道极好。橘子皮很容易就能剥开，小孩子也可以自己剥着吃。冬天多吃橘子可以预防感冒。

橘子皮晒干后可以入药，中医称其为"陈皮"。

6月7日，花凋谢后，长出小橘子。

横切面图

纵切面图

橘子园里的橘子成熟后，必须赶紧采摘。因为橘子一旦被雪淋，就会腐烂。

金橘

金橘像鹌鹑蛋一样大，可以带皮一起吃。

柠檬

因为柠檬太酸，所以人们没法直接食用。将柠檬榨成汁后，可以加在果汁或是茶里，也有人将柠檬汁当作醋来用。

丑柑

丑柑成熟得比橘子晚，可以吃到来年春天。

橙子

橙子甜味多，酸味少，果肉和果皮紧紧地贴在一起，很难用手剥开。

柚子

Citron

时节：10~11 月
生长场所：中国福建、广东、四川等南方地区
其他食用方法：茶、果汁
分类：柑橘属芸香科常绿树

柚子皮厚，籽多。柚子内部并没被果肉充实，用力一按，果皮就会凹进去。
11月16日

柚子具有诱人的香味，酸酸甜甜，很好吃。人们经常将柚子带皮切成丝，放入白糖或蜂蜜做成茶来喝。冬日喝上一杯热乎乎的柚子茶，能够预防感冒。

在房间或车里放上一颗柚子，其香味弥久不散，据说还有清醒头脑、消除疲劳的作用。冬至那天，以滴有柚子汁的水沐浴，能使人抗寒。

柚子全身都可以入药，可以说柚子毫无废弃之物。曾有俗语称"捆也要将柚子捆到供桌上"。由此可见柚子的用处及人们对柚子的喜爱。

柚子茶的制作方法

首先，将柚子切成几瓣。

其次，将柚子籽挖出，因为有籽的话，柚子茶会变苦。

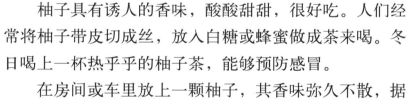

最后，将柚子皮和果肉切成丝，放入白糖或蜂蜜腌起来。过三个月左右就可以泡水喝了。

山葡萄

Wild grape

别名：阿穆尔葡萄
时节：晚秋
生长场所：山麓或果园
分类：葡萄属葡萄科蔓木本藤蔓

山葡萄颗粒小，籽多，表皮附有白色粉末。
9月11日

　　山葡萄是山里长的葡萄，虽然个头小，但是样子和味道都同葡萄极为相似，甚至比葡萄更甜、更好吃。

　　山葡萄颗粒小，人们常常将整颗放入嘴里，连皮带籽一起吃。山葡萄非常美味，令人欲罢不能，人们常会吃得嘴唇都被染成紫色。晚秋，被霜打过的山葡萄会变得更甜、更好吃，小鸟也很喜欢吃。

　　据说山葡萄对身体益处多多，所以人们也会在果园里种植很多。人们经常摘了山葡萄后酿葡萄酒，而到了春天会将新长出来的嫩芽和茎同豆芽一起拌着吃，山葡萄籽会用来榨油。

山葡萄是木本藤蔓植物，攀附在其他树木上，不断地往上长。

葡萄

Grape

时节：8~11月
生长场所：果园
其他食用方法：酒、果酱、果汁、葡萄干
分类：葡萄属葡萄科蔓木本藤蔓

新鲜的葡萄颗粒饱满，表皮附有一层白色粉末。
8月13日

夏末，葡萄会大量上市。熟透的葡萄表皮上覆盖着一层白色粉末，轻轻一咬，葡萄粒就会裂开，流出带有香味的甜丝丝的汁水。饿得发晕时，吃上一串葡萄，立马就能打起精神。葡萄粒容易脱落，又易裂开，所以要轻拿轻放。

葡萄、橙子和苹果是世界上产量最高的水果。葡萄可以用来酿葡萄酒，还可以做成果汁、果酱和罐头。葡萄籽可以用来榨油。葡萄的种植历史悠久，埃及的壁画上就画有4000年前人们酿制葡萄酒的过程。

巨峰葡萄
颗粒较大，又称为"大葡萄"。

青葡萄
熟透后，皮仍是绿色的。

山葡萄
非常甜，比其他葡萄成熟得晚。

红葡萄
颗粒小，无籽。

葡萄干
晒干了的葡萄。

5月23日，看到葡萄花蕾。

5月29日，葡萄花盛开。

6月11日，长出葡萄粒。

葡萄树属于蔓藤树木，搭好葡萄架后，葡萄藤就能顺其而上。

葡萄酒
又称"红酒"。世界上70%的葡萄都用于酿葡萄酒。

7月15日，葡萄成熟。

猕猴桃

Kiwi fruit

别名：羊桃、奇异果
成熟时期：11月
生长场所：中国南方丘陵、山岭
分类：猕猴桃属猕猴桃木本藤蔓

猕猴桃成熟后，也是绿色的，摸上去稍有些软的话，就说明猕猴桃已经成熟了。猕猴桃一般在晚秋上市。

猕猴桃表皮附有一层很短的灰色茸毛，剥皮的时候，常会沾到手上。猕猴桃的果肉为草绿色，带有特有的香味。尚未熟透的猕猴桃非常酸。放几天后，原本酸溜溜的猕猴桃就会变甜，果肉也会变软。

猕猴桃又叫羊桃、奇异果。新西兰人觉得猕猴桃的毛和奇异鸟的褐色羽毛很相似，所以称其为奇异果。

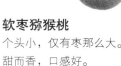

软枣猕猴桃
个头小，仅有枣那么大。
甜而香，口感好。
9月16日

葛枣猕猴桃
头部很尖，成熟后呈淡黄色。没有软枣猕猴桃甜，带有刺激性的苦味。
9月22日

中华猕猴桃
果肉为草绿色，黑色的籽儿嚼起来沙沙的。

木半夏

Silverberry

别名：四月子、羊奶子、半春子、三月枣
时节：6～7月
生长场所：家里的院子或公园
分类：胡颓子属胡颓子科灌木

木半夏一次坐果极多，会将枝条压得弯弯的。
6月11日

初夏，樱桃熟的时候，木半夏也红了。木半夏的表皮上有极小的斑点，摸上去很粗糙。每个木半夏里有一颗尖细的核。吃的时候，整颗放入嘴里，最后只需将核吐出来。刚开始觉得挺甜，之后会觉得有些酸，而且很涩。

木半夏在早春开花，带有香味，花会由白色变为黄色后再凋谢。木半夏的花可以做成花茶，也可以用来泡酒。

木半夏和牛奶子很相似。牛奶子长在山里，秋天成熟。但牛奶子颗粒小，把核吐出来后，几乎就没什么可吃了。

木半夏花
花香悠远。
5月3日

正面　背面

木半夏叶
叶子稍厚。
背面呈银色。

木半夏核

木半夏
个头大，果肉多。

牛奶子
内有一颗大麦般的核。
9月10日

石榴

Pomegranate

别名：安石榴、山力叶、丹若、若榴木、金罂、金庞、涂林、天浆
时节：晚秋
多产地区：南部地区
分类：石榴属石榴科小乔木

石榴里满是石榴籽。人们只吃石榴籽，不吃石榴皮。
10月11日

秋天，红红的石榴成熟了。石榴皮很厚，但成熟后，皮会自动裂开。石榴籽个个饱满，晶莹透亮，轻轻一咬，酸溜溜的汁水就会流出来。小鸟也喜欢吃石榴，它们啄开熟透的石榴，将里面的籽都吃光，只留下空荡荡的石榴皮。石榴成熟之际，如果遇到阴雨绵绵的天气的话，石榴就会变得淡而无味。

石榴里满是石榴籽。所以以前人们的结婚礼服上会绣上石榴图案，蕴含多子多孙、人丁兴旺之意。石榴科属中有一个非常稀有的品种叫"月季石榴"，又被称为"花石榴"，花开得很美，也会被作为盆栽花卉种植观赏。

6月6日，石榴开花。

6月27日，结出小石榴。

7月24日，石榴不断长大。

9月12日，石榴皮裂开，石榴成熟。

君迁子

Wild persimmon

别名：黑枣、软枣、牛奶枣、野柿子、丁香枣、
椑（yǐng）枣、小柿
时节：晚秋
生长场所：山麓地带
分类：柿属柿科乔木

晚秋，树叶都掉光了，君迁子仍牢牢地长在树枝上。
10月16日

9月10日，君迁子仍是青色的。

10月16日，君迁子逐渐成熟。

10月27日，君迁子熟得软乎乎的，但仍带有涩味。

12月4日，君迁子变得如同老奶奶的脸一样，皱巴巴的。

君迁子味道比较涩，即使成熟后仍然很涩。只有在严冬经过霜打，变得皱皱巴巴后，才变得不涩。此时，非但不涩，反而会变得很甜，很有嚼劲。

人们会在君迁子带有涩味的时候，将其摘下，放入缸里，以备以后再吃。君迁子闷出来的汁水，结冰再融化后，会变得如糖稀般浓稠。冬天漫漫长夜，将浓稠的汁水从坛子里舀出来吃，再无此等美事了。但君迁子果肉少，籽多，即使吃到舌头发麻也吃不饱肚子，所以才会有"70个君迁子也抵不上一个柿子"的说法。现在却颠倒过来了，作为药材，君迁子树的叶子要比柿子树的叶子名贵得多。

君迁子里有很多籽。一颗君迁子中就有8颗硕大的籽。

柿子

Persimmon

时节：秋季
生长场所：家里的庭院或果园
其他食用方法：柿饼、柿子醋、柿子叶茶、柿子糕
分类：柿树属柿树科乔木

脆柿

脆柿硬邦邦的，但不涩。
11月12日

5月25日，柿子树开花了。

柿子还未成熟时有涩味，成熟后就会变得像蜂蜜一样甜。尚未成熟的柿子称为涩柿子。吃涩柿子容易导致便秘。熟得稀烂的柿子叫烘柿，又叫软柿子。去皮晒干的柿子叫柿饼子。柿饼子嚼起来十分劲道，也很甜。柿子花也可以食用。晚春，将黄色的柿子花晒干，吃的时候，会有柿饼子的味道，而且同样很有嚼劲。

很早以前，人们就喜欢在家中的院子里种一两棵柿子树。柿子树不招虫，易管理。三四年后，便可结果，百年期间都可摘柿子吃。

6月10日，柿子花凋谢，结出小柿子。

6月24日，柿子不断长大。

7月6日，花萼翻下去，柿子变得更加硕大。

黄黄的脆柿成熟了。

人们用长杆敲打柿子树的枝条，这样来年柿子树才会结更多的柿子。爬上树来摘柿子的时候，千万要小心，因为即使看起来很粗壮的枝干，也十分容易断裂。长在枝头的柿子可以说是给喜鹊留的食物。

枫叶红的时候，柿子叶也会变得斑驳陆离。

大红柿

个儿又大又圆。

柿饼

将柿子削好后，穿成一长串。秋天放在外面，暴晒一个多月，就变成柿饼了。

大峰柿

比人的拳头还要大。

黑柿子

黑柿子表皮带有黑色，像是在火上烤过了一般。

变成稀烂的烘柿后，味道很甜。

43

果树开花了

果实是果树结出的果实。果树的花凋谢后，花朵的根部会慢慢长大，变成果实。尽管果实长相各不相同，但都会有种子。苹果也是如此。将苹果的种子种到地里，就会长出苹果树苗，但这样的树苗长大后，结出的苹果又小又不好吃。所以果园里常会将苹果树嫁接后，再种植。

桃的果肉

核

桃花

桃子

授粉完成后，花就会凋谢，果实也随之长出。桃子的果肉是由子房发育而成的，子房内的胚珠会发育成桃核。

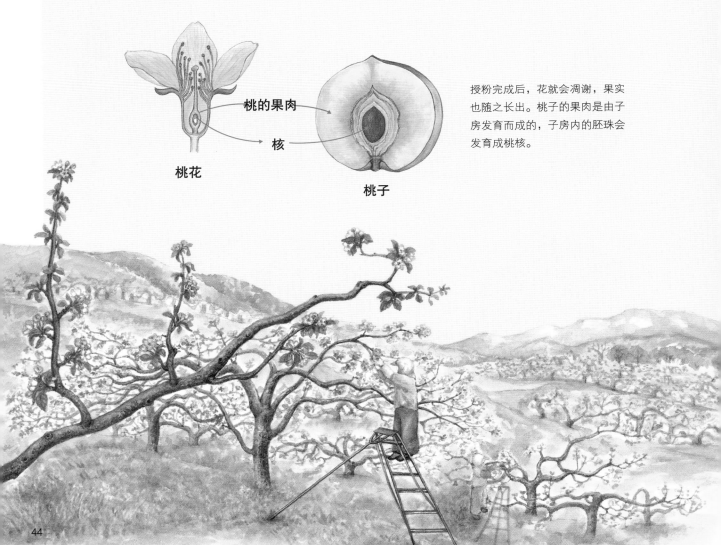

5月25日，柿子树开花。

6月10日，柿子花凋谢，结出小柿子。

6月24日，柿子不断长大。

7月6日，花萼翻下去，柿子变得更加硕大。

黄黄的脆柿成熟了。

4月12日，毛樱桃花盛开。

4月28日，毛樱桃花凋谢。

5月14日，小果实不断长大。

5月29日，果肉增多，毛樱桃变得圆滚滚的。

6月5日，毛樱桃成熟。

4月20日，李花开始绽放。

5月3日，花谢后，李树结出果实。

5月26日，果实不断长大。

6月11日，果实的柄不堪重负，果实低下了头。

7月1日，李子成熟。

6月6日，石榴开花。

6月27日，结出小石榴。

7月24日，石榴不断长大。

9月12日，石榴皮裂开，石榴成熟。

果实做成的美食

果实晒干后，可以长久保存。晒干的水果虽会变得皱皱巴巴，但也会变得更甜。可以将水果制成果酱、果汁、罐头、食醋等，这样就可以存放很久，一年四季都可以吃到。

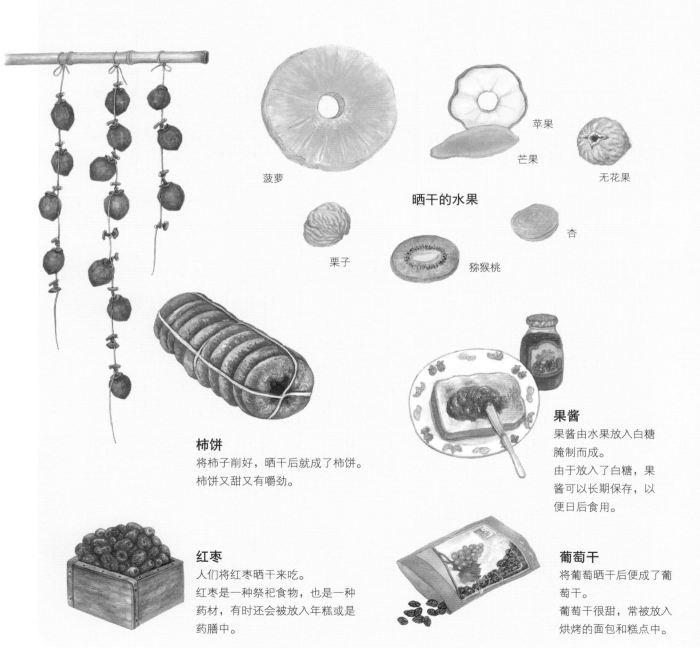

菠萝

苹果

芒果

无花果

晒干的水果

栗子

猕猴桃

杏

柿饼

将柿子削好，晒干后就成了柿饼。柿饼又甜又有嚼劲。

果酱

果酱由水果放入白糖腌制而成。
由于放入了白糖，果酱可以长期保存，以便日后食用。

红枣

人们将红枣晒干来吃。
红枣是一种祭祀食物，也是一种药材，有时还会被放入年糕或是药膳中。

葡萄干

将葡萄晒干后便成了葡萄干。
葡萄干很甜，常被放入烘烤的面包和糕点中。

果汁

水果的汁水较多，人们喜欢将其榨成汁来喝。

水果酒

水果榨出来的汁放久了，就自己发酵成了酒。

泡有水果的酒，也称之为水果酒。

水果茶

摘取常见的时令水果后，放入白糖和茶叶，加水，煮适当的时间，就可以喝到美味的水果茶了。寒冷的冬天喝上一杯水果茶，身体就会变暖。

水果罐头

将水果放入糖水里熬，再盛在瓶里，就成了罐头。

水果醋

水果醋既可以放在食物里做佐料，也可以当作饮料。

榅桲 11.12　柚子 11.20

2007.9.24　2007.6.11　柿子醋　毛桃 8.1　樱桃 6.13　梅子 6.27

果实日历

6月

5日 毛樱桃终于熟了。

9日 绿叶悬钩子的果实熟了。今年第一次摘树莓吃。

熟得发紫的桑葚掉到了地上。

10日 买回梅子，放入白糖。

11日 木半夏挂满枝头。

14日 捡了颗杏来吃，好甜啊！

23日 红彤彤的牛叠肚熟了。

27日 桃上市了，今天是今年第一次吃桃子。

7月

1日 李子熟了，红艳艳的，但仍然是酸的。

6日 李子变得软软的，味道也变甜了。

8日 山杏熟了。看着挺好吃的样子，咬了一口，又酸又涩。

果实日历根据画家取材所记录的日期整理而成。

9日

金泉李上市了。

一个金泉李有拳头那么大，吃一个就饱了。

16日

插田泡红得发紫了。

27日

橘红色的库页悬钩子成熟了。

8 月

13日

果园里开始采摘白桃了。咬一口，汁水就流了出来。

13日

买了斤葡萄，粒粒饱满。

18日

毛桃都落到了地上，但是毛桃里虫子太多，根本没法吃。

9 月

8日

黄桃变得黄澄澄的了。

10日

山里的牛奶子熟了。虽然还有些涩，但还挺好吃的。畅快地吃了一阵后，把剩下的带回去泡酒。

11日

山葡萄熟得发紫了，但还是有点酸。

把秋子梨捡回家，放在坛子里等熟了再吃。

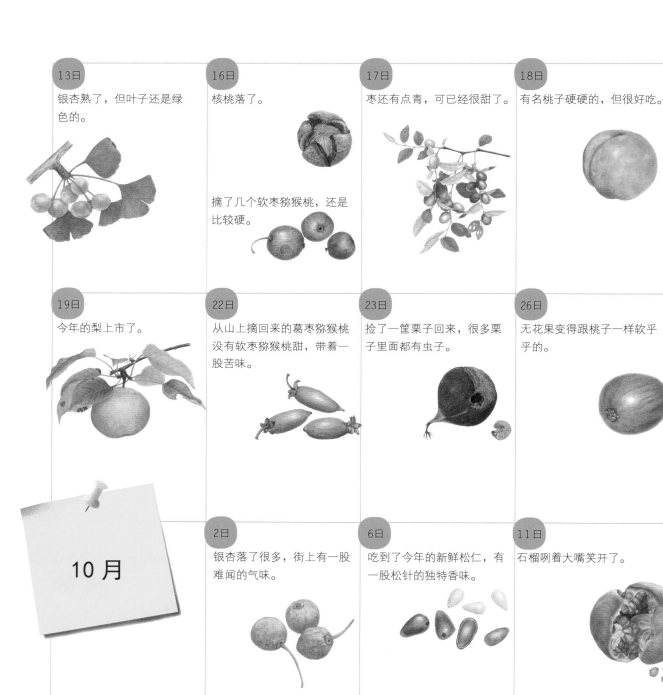

13日

银杏熟了，但叶子还是绿色的。

16日

核桃落了。

摘了几个软枣猕猴桃，还是比较硬。

17日

枣还有点青，可已经很甜了。

18日

有名桃子硬硬的，但很好吃。

19日

今年的梨上市了。

22日

从山上摘回来的葛枣猕猴桃没有软枣猕猴桃甜，带着一股苦味。

23日

捡了一筐栗子回来，很多栗子里面都有虫子。

26日

无花果变得跟桃子一样软乎乎的。

10 月

2日

银杏落了很多，街上有一股难闻的气味。

6日

吃到了今年的新鲜松仁，有一股松针的独特香味。

11日

石榴咧着大嘴笑开了。

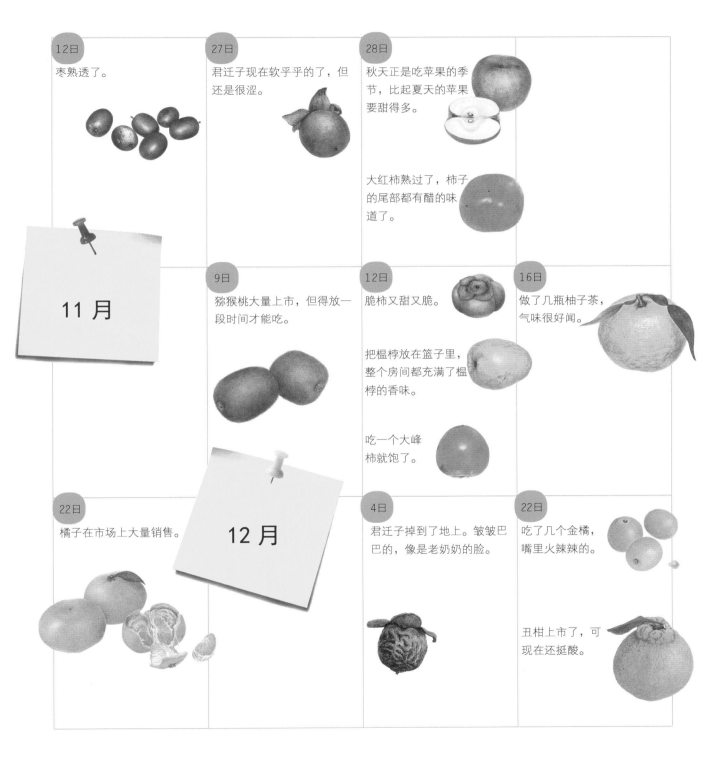

12日
枣熟透了。

27日
君迁子现在软乎乎的了，但还是很涩。

28日
秋天正是吃苹果的季节，比起夏天的苹果要甜得多。

大红柿熟过了，柿子的尾部都有醋的味道了。

11 月

9日
猕猴桃大量上市，但得放一段时间才能吃。

12日
脆柿又甜又脆。

把榅桲放在篮子里，整个房间都充满了榅桲的香味。

吃一个大峰柿就饱了。

16日
做了几瓶柚子茶，气味很好闻。

12 月

22日
橘子在市场上大量销售。

4日
君迁子掉到了地上。皱皱巴巴的，像是老奶奶的脸。

22日
吃了几个金橘，嘴里火辣辣的。

丑柑上市了，可现在还挺酸。

索 引

通过拼音查找：

H 核桃10

J 橘子32　君迁子41

L 栗子12　李子20　梨28

M 梅子17　毛樱桃24　榅桲25　猕猴桃38　木半夏39

P 苹果26　葡萄36

S 桑葚14　树莓16　山杏18　山葡萄35　石榴40　柿子42

T 桃子22

W 无花果15

X 杏18

Y 柚子34

Z 枣30

作者简介

文／**朴善美**　　　　　　　　出生于韩国庆尚南道密阳市，现在是釜山小学老师。
业余时间潜心创作能让孩子们了解自然的珍贵故事。
现已出版的作品有《一个鸡蛋》和《山百合》两本。

图／**孙庆姬**　　　　　　　　毕业于韩国同德女子大学，专业为视觉设计。
现生活在盛产水果的忠州市。
喜欢爬到月岳山和鸡鸣山上观察草木，并写生。
现绘制的图书有《红果实黑果实》一本。

读 "小小博物学家" 系列，立变博物学达人。

本系列第1辑《最美最美的博物书》

本系列第3辑《水边的自然课》

本系列第4辑 《郊外的自然课》

本系列图鉴收藏版:《给孩子的自然图鉴》